Urs Altmannsberger

Alles wieder auf Kette

Wie Vertriebsprofis Lieferkettenprobleme im Verkauf zu Gold machen und die eigene Lieferfähigkeit sicherstellen

MIX
Papier aus verantwortungsvollen Quellen
Paper from responsible sources
FSC® C105338
FSC
www.fsc.org

Impressum

Die deutsche Bibliothek – CIP-Einheitsaufnahme
Die Deutsche Nationalbibliothek verzeichnet diese Publikation in der Deutschen Nationalbibliografie; detaillierte bibliografische Daten sind im Internet unter https://dnb.de abrufbar

Altmannsberger, Urs:
Alles wieder auf Kette.
Wie Vertriebsprofis Lieferkettenprobleme im Verkauf zu Gold machen und die eigene Lieferfähigkeit sicherstellen

Print: ISBN 978-3-9821143-8-5
E-Book: ISBN 978-3-9821143-9-2

Edition Sales & Purchasing

Emminghausstr. 50, 61250 Usingen, www.altmannsberger-verhandlungstraining.de

1. Auflage 2023

Gesamtproduktion, Design, Layout und redaktionelle Unterstützung:
text-ur agentur Dr. Gierke, Köln, www.text-ur.com

Druck, Buchhandelsanfragen: BoD – Books on Demand GmbH, www.bod.de

Aus Gründen der besseren Lesbarkeit wird auf die gleichzeitige Verwendung der Sprachformen weiblich, männlich und divers verzichtet. Selbstverständlich gelten alle Personenbezeichnungen für alle Geschlechter und sind stets alle Lesenden (m/w/d) herzlich gemeint.

ISBN 978-3-9821143-8-5

Printed in Germany

Urs Altmannsberger war über viele Jahre Einkaufsleiter in mittelständischen und großen Unternehmen. In dieser Zeit hat er ein weltweites Lieferantennetz auf- und ausgebaut – und konnte so seine Begabung als Top-Verhandler einsetzen und immer wieder beweisen. Er war damit für seine Firmen so erfolgreich, dass er sich 2001 als Verhandlungstrainer und -experte selbstständig machte, um sein Wissen und sein Können an mehr Menschen zu vermitteln.
Seither ist Urs Altmannsberger als Verhandlungsberater in Unternehmen tätig, um dort Verkauf *und* Einkauf strategisch voranzubringen, zu strukturieren und gleichzeitig gezielt zu trainieren. Er kann es sich aufgrund seines Könnens leisten, dort nach Erfolg bezahlt zu werden – denn den hat er!
Außerdem begleitet er Unternehmen als Verhandlungscoach, berät und unterstützt sie dabei, anstehende Verhandlungen ergebnisorientiert zu verbessern, Konditionstitel zu entwickeln und die Beteiligten dafür fit zu machen. Zudem übernimmt er als »Verhandler-4-rent« schwierige und großvolumige Verhandlungen im Business.
Seine Kundenunternehmen stammen aus allen Branchen, wie etwa IT, Produktion, Industrie, Pharma, Chemie, Maschinenbau, Handel, Lebensmitteleinzelhandel, Kfz-Hersteller und Zulieferanten, Bau, Versicherung, Energie, Elektronik, Reise, Banken, Dienstleistungen, Telekommunikation, Marktforschung, Gesundheit, Werbung, TV.
Urs Altmannsberger ist viel gefragter Redner auf Fachkonferenzen und erfolgreicher Sachbuchautor, u.a. von »Profitabler Einkauf«, »Profitable Purchasing«, »Verhandeln mit Monopolisten«, »Lieferkette gerissen – Alles besch*ssen?!« und »Profitabler Verkauf«.

autor@profitabler-verkauf.de
www.profitablerverkauf.de

Inhalt

Einleitung: Die Sichtweise des Einkaufs ist entscheidend

Rohstoffe oder Vorprodukte, Elektronikzubehör oder Halbleiter, Baumaterial oder Chemikalien, Dünger oder Samen oder … oder … oder … – überall und in jeder Branche sind Lieferketten gerissen. Warten Unternehmen händeringend auf Lieferungen, um produzieren und vermarkten zu können. Goldene Zeiten, könnte man denken, für den Vertrieb, denn wird ihm jetzt nicht alles aus den Händen gerissen? Die Wahrheit heißt: meistens nein. Ganz im Gegenteil kommt der Vertrieb immer häufiger in die Bredouille, wenn das eigene Unternehmen als Lieferant nicht pünktlich zuliefert. Oder wenn Verkäufe oder Verträge auf Basis von Preis- und Margenberechnungen getätigt wurden, die aktuell zum Beispiel wegen der gestiegenen Energiepreise, der Inflation oder mangelnder Zulieferungen an Vorprodukten eigentlich nicht mehr gehalten werden können. Die gefährlich ins Minus laufen. Und natürlich, wenn man einerseits Abschlüsse und Umsatz erzielen soll, andererseits aber schon weiß, dass man in absehbarer Zeit knapp oder lieferunfähig an der zu liefernden Ware oder Dienstleistung sein wird, weil eben etwa die Rohstoffe oder Vorprodukte fehlen und selbst nicht schnell genug beschafft werden können. Oder weil – bei Dienstleistern – aufgrund von pandemiegetriebenen Krankenständen oder fehlenden Nachwuchskräften die Leistungen »eigentlich« gar nicht in der gewünschten Qualität oder Frist erbracht werden können.

Dafür ein Beispiel, wie Du als Leserin oder Leser es bestimmt auch kennst: Die folgende Situation wurde mir im Training geschildert, ich erzähle sie mit einem geänderten Firmennamen: »Vor einem knappen Jahr haben wir mit unserem Kunden Knufer eine Vereinbarung getroffen und den Preis für eine definierte Menge an Produkten und Leistungen fixiert. Die Marge war fair, aber knapp kalkuliert. Alles schien seinen gewohnten Weg zu gehen.

Dann kam es zu mehreren Krisen in kurzer Abfolge. Die Preise am Rohstoffmarkt schossen in die Höhe. Gleichzeitig stieg die Nachfrage. Viele

Wettbewerber deckten sich nicht nur mit der ›normalen‹ Menge ein, sondern tätigten Hamsterkäufe. Das verschärfte die Situation weiter. Es folgte ein wahrer Kampf um die verbleibenden Kapazitäten und Lagerbestände.

Ergebnis für uns: Die Kostenkalkulation geriet in Schieflage. Die Kalkulation ergab eine erhebliche negative Marge. Gleichzeitig konnten wir die bestellten Mengen nicht erfüllen, weil uns schlichtweg Material fehlte. Regelmäßig flatterten uns Mahnungen des Kunden ins Haus. Er beschwerte sich vehement, dass wir die Lieferquote nicht einhielten. Die Folgen waren fatal – die Beziehung zum Einkauf des Kunden Knufer litt erheblich.«

Vielleicht hast Du Ähnliches schon in der Vergangenheit oder gerade aktuell erlebt: Lieferketten, die aus vielen Gründen abreißen. Und Vereinbarungen, die Du als Verkäufer unbedingt einhalten willst, jedoch nicht einhalten kannst, weil es einfach nicht geht und die Umstände halt so sind, wie sie nun einmal sind. Ich zeige Dir, wie Du mit solchen Situationen konstruktiv umgehst und dabei gleichzeitig sogar die Beziehung zum Kunden verbesserst.

Bevor ich damit starte, noch eine kurze Nebenbemerkung: Ich habe bei der Darstellung meiner Strategien zur Bewältigung der Lieferkettenproblematik die »Du«-Ansprache gewählt. Warum? Meiner Erfahrung nach nehmen wir Geschriebenes dann besser auf, als dass bei der »Sie«-Ansprache der Fall ist. Das gilt übrigens auch für die Kommunikation im Seminarraum. Das »Sie« schafft Distanz, das »Du« hingegen stiftet Nähe, Verbundenheit und Vertrauen.

Lieferkettenprobleme sind Goldnuggets

Überlege einmal: Wie sehr würde es Deine Tätigkeit erleichtern, über

- eine praktikable und noch dazu finanziell erfolgreiche Vorgehensweise
- sowie innovative Strategien zu verfügen,

mit denen es Dir gelingt, Lieferkettenprobleme nicht nur zu meistern, sondern sie für Dich zu nutzen? Sie sogar zu Gold zu machen?

Dafür habe ich sieben Strategien entwickelt, die direkt funktionieren; Du lernst diese in diesem Booklet kennen. Die Tipps und Hinweise sind sofort um- und einsetzbar. Mit ihrer Hilfe kannst Du Deine Lieferfähigkeit sicherstellen und Deine Lieferquoten einhalten. Damit nicht genug: Du hebst Deine Kundenbeziehungen auf ein höheres Level und entwickelst gleichzeitig Deine Marge nach oben. So haben alle Beteiligten etwas davon – Deine Kunden, und Du! Denn dieses Booklet enthält nützliche Hinweise und Informationen sowohl für Verkäufer als auch für Einkäufer!

Eine Kundenbeziehung trotz Lieferproblemen verbessern und mehr Marge genieren – das klingt für viele erst einmal wie ein Widerspruch in sich. Wie gelingt es, die Beziehungen zum Kunden zu optimieren, obwohl es ein gewaltiges Problem gibt? Nun, es ist ganz einfach: Wenn Du das Problem offen ansprichst und lösungsorientiert vorgehst, ist Dir der Kunde dankbar. Wenn die Problemlösung auch noch dazu beiträgt, dass der Einkäufer seine Position in seinem Unternehmen verbessert, umso besser! Auf der anderen Seite ist es kontraproduktiv, wenn Du aus Angst vor dem Auftragsverlust zu allen Vorgaben und Einkaufsbedingungen Deines Kunden Ja und Amen sagst, selbst wenn er am längeren Hebel sitzt oder Du dieses Gefühl hast. Das darf einfach nicht passieren.

Lies dieses Booklet und verändere Deine Sichtweise auf die Zusammenarbeit mit der Einkaufsabteilung Deiner Kunden. Das ist das Wichtigste. So viel verrate ich jetzt schon: Der Perspektivenwechsel ist einer der Schlüssel zu besseren Beziehungen zu Kunden und Einkäufern. Es ist eigentlich nicht viel, was die Situation von Dir verlangt. Du musst lediglich in die Umsetzung kommen und es einfach machen.

Ein Wort zum Lieferkettengesetz

Übrigens, zurzeit ist viel vom Lieferkettengesetz die Rede – man könnte meinen, es ginge dabei darum, Lieferketten zu sichern. Dem ist zwar nicht so, aber die dahinterstehenden Ideen des Gesetzes sind gut und wichtig, daher hier ein paar Worte dazu. Das Lieferkettengesetz heißt korrekt »Sorgfaltspflichtengesetz. Gesetz über die unternehmerischen Sorgfaltspflichten zur Vermeidung von Menschenrechtsverletzungen in Lieferketten« (Quelle: Bundesministerium für Arbeit und Soziales; dokumentiert unter www.bmas.de/DE/Service/Gesetze-und-Gesetzesvorhaben/gesetz-unternehmerische-sorgfaltspflichten-lieferketten.html) – und der Titel verweist auch auf den wesentlichen Zweck:

Das Sorgfaltspflichten- oder auch Lieferkettengesetz fokussiert auf die Menschenrechte. Unternehmen sollen ihre Verantwortung in Bezug auf die Menschenrechte umfänglich wahrnehmen. Das aber nicht nur im eigenen

Unternehmen, sondern bereits entlang der Lieferkette. Beispiel: So ist etwa ein Unternehmen der Bekleidungsindustrie dazu verpflichtet, auf die Menschenrechte am Standort der Produktion in Bangladesch zu achten. Einige Schwerpunkte des Gesetzes:

1. Menschenrechte in der eigene Firmenphilosophie verankern.
2. Analyse: Wo beeinflusst unsere Geschäftstätigkeit die Menschenrechte?
3. Maßnahmen treffen, um Menschenrechtsverletzungen in der Lieferkette zu beenden und dauerhaft zu verhindern.
4. Die getroffenen Maßnahmen als positives Zeichen des Engagements kommunizieren.
5. Beschwerden ermöglichen und erleichtern.

Auf dieses Gesetz kommen wir in **Strategie 6** kurz zurück, bei der es um Werte, Wert und Preise geht.

Die Perspektive des Einkaufs einnehmen

Ein Gedankenspiel: Was droht Deinen Verträgen, wenn Du dieses Booklet jetzt beiseitelegst und nicht erfährst, welchen Nutzen meine sieben Strategien für Dich haben? Nun, mit größter Wahrscheinlichkeit werden die Anrufe Deiner Kunden unangenehmer für Dich werden. Es könnte Beschwerden und Klagen regnen. Und wem werden die Kunden dafür wohl die Schuld geben? Werden sie »vernünftig« die wahren, tieferliegenden Gründe für die abgerissenen Lieferketten verantwortlich machen? Oder werden sie doch eher simpel emotional reagieren und Dich dafür verantwortlich machen? Du kannst davon ausgehen: Deine Kunden werden nach und nach das Gefühl aufbauen, dass *Du* das eigentliche Problem bist.

Darum erläutere ich Dir hier meine Gedanken aus der Procurement-Perspektive. Das hilft Dir, der »Gegenseite«, die Einkäufer besser zu verstehen. Denn Einkäufer und Kunden denken so: »Wir haben mit dem Lieferanten Landwerk (der Name ist frei erfunden) einen Dreijahresvertrag über die Produkte x und y für die Zeit vom letzten Jahr bis ins kommende Jahr abgeschlossen. Offensichtlich hat sich Landwerk nicht ausreichend vorbereitet, denn aktuell stockt der Warenfluss. Angeblich wegen Lieferkettenunterbrechungen. Da hätte sich Landwerk eben besser bevorraten sollen. Ich als Einkäufer bekomme von unserer Produktion die Hölle heiß gemacht. Es ist nur logisch, dass ich entsprechend Druck in Richtung Landwerk aufbaue, damit die das Bestmögliche tun, um die Belieferung sicherzustellen. Leider verhält sich der Verkäufer nicht sehr konstruktiv am Telefon, manchmal reagiert er spät oder gar nicht. Sehr ärgerlich. Ich muss wohl noch eine Mahnung raussenden. Vielleicht hilft das ja.«

Sind wir uns einig, dass weder Du noch ich diese Situation gut finden? Und erst recht nicht der Einkäufer, der Kunde? Besser ist daher, Du schaust Dir meine sieben Lösungsstrategien an, die ich für Dich vorbereitet habe.

Klar: Es darf nicht beim Anschauen bleiben. Setz vielmehr das, was Dir nutzt, sofort und konsequent um. Was Du einmal als richtig erkannt hast, muss ab in die Umsetzung. Dann wirst Du selbst in Zeiten brüchiger Lieferketten mit immer mehr zufriedenen Kunden und Profi-Einkäufern zusammenarbeiten.

Überblick: Sieben Strategien

Im Folgenden gehen wir gemeinsam meine sieben Strategien für den konstruktiven Umgang mit dem Einkauf, insbesondere bei Lieferkettenproblemen, durch:

- **Strategie 1:** Konzentriere Dich auf die zukünftige Lösung.
- **Strategie 2:** Schmiede eine neue Kooperation
- **Strategie 3:** Lerne aus der Vergangenheit
- **Strategie 4:** Sorge mit einer differenzierenden Preisformel für ideale Vertragsvereinbarungen für Einkauf und Verkauf
- **Strategie 5:** Ziehe Nutzen aus der Situation und Denkweise der Einkäufer
- **Strategie 6:** Verlasse die Bittstellerposition
- **Strategie 7:** Erzeuge bewusst »Zufälle«

Strategie 1: Konzentriere Dich auf die zukünftige Lösung

Im Folgenden gehe ich beispielhaft von einer (mittlerweile leider ganz üblichen) Ausgangssituation aus: Die Belieferung ist bereits unterbrochen, die Lieferkette gerissen. Und Du stellst Dir die Fragen aller Fragen: »Bin ich als Verkäufer oder Lieferant verantwortlich für den Lieferkettenriss – bin ich schuld, dass es nicht läuft und der Kunde auf seine Belieferung warten muss?«

Sei ehrlich zu Dir selbst: Wie oft ist Dir schon diese Frage durch den Kopf geschossen?

Auf jeden Fall bist Du mit solchen Gedanken schon in die Schuldfalle getappt. In vielen Kulturkreisen geht es rasch darum, einen Schuldigen zu finden, wenn etwas nicht funktioniert oder nicht so läuft, wie es sich die Beteiligten vorgestellt haben. Wenn überhaupt, wird erst nach der Klärung der Schuldfrage nach einer Lösung gesucht. Bis dahin ist viel Porzellan zerschlagen worden. Denn wer als Schuldiger bezichtigt oder identifiziert worden ist, hat meistens wenig Lust, noch eine Lösung zu entwickeln.

Die meisten von uns sind Problem- und Schuldsucher, keine Chancen- und Lösungsfinder. Das muss nicht so bleiben, es gibt einen Weg heraus aus der Schuldfalle. Und es gibt die Option, erst gar nicht hineinzuraten. Dazu müssen wir lernen, uns von einer allzu egoistischen und egozentrierten Haltung zu verabschieden. Dies gelingt, indem wir einfach die richtigen Fragen stellen. Und zwar nicht die Fragen nach dem oder den Schuldigen, sondern die Fragen nach den Lösungen.

Der Königsweg: Die Schuldfalle verhindern

Die meisten Vertriebsmitarbeiter, die mit der Lieferkettenproblematik zu kämpfen haben, begegnen im Sales-Purchase-Prozess nur noch Menschen, für die eines klar ist (und die das allen anderen klarmachen wollen): »Ich bin nicht schuld an der Misere!« Und die das auch lauthals gegenüber jedem betonen. Damit geht besonders oft die perfide, aber höchst wirksame Taktik einher, sich mit möglichst vielen anderen Beteiligten auf einen Schuldigen zu verständigen. Eine bewährte Methode, gar nicht erst die Frage aufkommen zu lassen, ob man vielleicht selbst etwas mit der Entstehung der Lieferkettenproblematik zu tun hat. Die rasche Festlegung auf einen Sündenbock hat schon immer gut funktioniert. Typische Schuldzuweisungen brechen sich in bekannten Formulierungen Bahn. Geht es darum, dem Verkäufer die Schuld zuzuschieben, heißt es zum Beispiel:

- »Er hatte keine Ware auf Vorrat resp. verschwiegen, dass das eigene Lager leer ist.«
- »Er wusste nicht, dass die Rohstoffpreise am Markt steigen.«
- »Er hat die Preisfixierung rasch akzeptiert.«

Steht umgekehrt die Schuldzuweisung an die Einkäuferin im Mittelpunkt, heißt es rasch:

- »Sie wollte den niedrigsten Preis durchsetzen, der eine Bevorratung nicht erlaubt.«
- »Sie hat keinen Forecast abgegeben und nicht über die steigenden Preise bei den Rohstoffen informiert.«
- »Sie hat Vorprodukte diktiert, wodurch der Lieferant keine Alternativen aufbauen konnte.«

Sind solche Schuldzuweisungen erst einmal adressiert, lassen sie sich kaum mehr aus der Welt räumen. Und genau dies müssen wir verhindern, Du solltest also gegensteuern! Denn die Lösung ist schneller gefunden, wenn die Schuldfrage gar nicht erst zum Gegenstand der Diskussion wird. Oder zumindest nicht im Zentrum steht. Du findest dazu im Harvard-Konzept (siehe u. a. Fisher, Roger et al.: Das Harvard-Konzept: Der Klassiker der Verhandlungstechnik. 24., überarb. Aufl. Frankfurt am Main: Campus 2013) eine entsprechende Aussage. Dort heißt es: »Trenne das Problem vom Menschen!« Zentrale Vorstellung ist, zwischen der Beziehungs- und der Sachebene zu unterscheiden. Jetzt kommt etwas Wichtiges hinzu: Auch die erfahrenen Profi-Einkäufer wissen das! Deine Gesprächspartner wissen schlicht und einfach, dass die Klärung der Schuldfrage die Lieferkette nicht kittet. Früher oder später schwenken sie im Gespräch mit Dir daher in die Lösungssuche ein.

Also: Geh proaktiv ran! Warum thematisierst Du als zukunftsorientierter Verkäufer nicht frühzeitig und unter Umgehung der Schuldfrage etwas, das sowieso irgendwann auf der Agenda steht? Im besten Fall ist Dir der Kunde oder Einkäufer dankbar, wenn Du gleich zur Sache kommst, die Schuldfrage mithin umgehst und Dich gleich dem widmest und zuwendest, was wir alle lieben und worum es einzig geht: die Lösung! Darum: *Lenk den Prozess aktiv auf die Lösungssuche. Schieb die Schuldfrage beiseite und blick nach vorn.*

Die Klärung der Schuldfrage ist nebensächlich für eine Lösung

Achtung: Wer schuld ist, trägt die Kosten, die dem Anderen durch den Abriss der Lieferkette entstanden sind. Oftmals ist die Rechnung derartig hoch, dass es direkt zur Zahlungsunfähigkeit von kleineren Lieferanten kommt. In der hochkompetitiven Automotivbranche etwa sind Zulieferer oft in der Zwickmühle und unterschreiben alle möglichen »Sie-sind-verantwortlich-für-...-Klauseln«, um den Auftrag um jeden Preis zu erjagen. Mit dem Einkäufer darüber zu diskutieren ist oftmals nicht zielführend, weil es immer irgendeinen Wettbewerber gibt, der mit »geschlossenen Augen« (und dem innerlichen Stoßgebet: »Wird schon irgendwie gut gehen!«) die Klauseln unterschreibt. Für mich als erfahrenem Einkaufsexperten ist klar: In einem solchen Fall liegt die Fahrlässigkeit nicht (allein) bei den Lieferanten, sondern (vor allem) bei den mächtigen Konzernen, die eigentlich Unmögliches verlangen.

Konkretes Beispiel: Wenn ein marktbestimmender Konzern fordert, dass einerseits die Preise über zwei Jahre gedeckelt sind, andererseits jedoch keine Abnahmemengen garantiert werden, dann kann ich verstehen, dass Zulieferer erzwungenermaßen unterzeichnen, um so den Auftrag zu erjagen. Gleichzeitig weiß der Anbieter, dass er ein Problem bekommt, sobald die Kosten steigen. »Egal, Augen zu und durch! Ohne Auftrag haben wir nicht erst später, sondern sofort ein Problem. Mit der Zwangsklausel dagegen haben wir nur bei steigenden Kosten ein Problem. Lieber später ein ›Womöglich-Problem‹ als heute ein ›Sicher-Problem‹!«, so die nachvollziehbare Haltung – die einem aber später auf die Füße fallen kann!

Was bedeutet das für Dich? Zuerst einmal: Verdeutliche Dir, dass Du nicht der oder die Schuldige bist! Mach Dir klar, ob eine Krise oder eine Fehlplanung verantwortlich ist. Das enthebt Dich keinesfalls des Zwangs, proaktiv und schlau zu handeln, aber es nimmt Dir das hemmende »schlechte Gewissen« und macht Dir den Kopf frei. Während eine Fehlplanung durchaus hausgemacht sein und ein selbstkritisches Hinterfragen erfordern kann, ist dies bei einer Krise nicht der Fall. Sie ist auf übergeordnete Gründe zurückzuführen, auf die wir in der Regel keinen unmittelbaren Einfluss haben, und betrifft alle Deine Mitbewerber. Und vielleicht hat einer der Vertragspartner etwas Unhaltbares versprochen oder versprechen müssen.

Also, ganz gleich, was oder wer der Auslöser war und ist: Die Schuldfrage zu klären ist zweitrangig für die Lösung. Geschickte Interpreten werden es zwar immer schaffen, die Lieferkettenproblematik zu personalisieren und jemandem – am besten der jeweils anderen Partei – die Schuld in die Schuhe zu schieben. Das führt zu allem Möglichen, jedoch bestimmt nicht zur Stabilisierung der Lieferkette und der Verkäufer-Kunden-Beziehung! Darum solltest Du Dich an diesem Spiel nicht beteiligen und keine Energie in die fruchtlose Beantwortung der Schuldfrage vergeuden. Besser ist es zu überlegen, wie aus dem Gegeneinander ein Miteinander entstehen kann.

Lösungsmodelle – stets auf die Sachebene abheben

Die Lösung liegt darin, belastbare Vereinbarungen zu treffen, Marktveränderungen vorherzusehen, potenzielle Ursachen für Lieferkettenprobleme zu analysieren und dafür Vorkehrungen zu treffen.

Weg von der personalisierten Schuldzuweisung und hin zur sachorientierten Problemlösung – das ist eine konstruktive Vorgehensweise.

Und zwar nicht zum Vorteil des mächtigsten Kettengliedes, sondern zum Nutzen für möglichst alle Lieferkettenglieder – insbesondere die schwächsten.

Alle Beteiligten müssen wissen und verstehen, dass die Lieferkette nur halten kann, wenn alle ein Interesse daran haben, dass sie nicht reißt. Und dass sie sich nur instand setzen lässt, wenn nicht die Suche nach dem Schuldigen im Fokus steht, sondern die Problemlösung, wie sie sich wieder herstellen lässt.

Kapitäne auf See wissen: Eine Ankerkette hat unterschiedlich starke Kettenglieder und ist nur so stark wie das schwächste Glied. Und darum müssen alle Beteiligten ein großes Interesse daran haben, dass das schwächste Glied nach und nach gestärkt wird.

Strategie 2: Schmiede eine neue Kooperation

Strategie 2 schließt unmittelbar an **Strategie 1** an: Wie kommen wir aus einer schlechten Atmosphäre wie der Schuldfalle oder Wut über Lieferprobleme wieder in eine gute und nutzenbringende Stimmung?

Beispiel: Gehen wir von der Situation aus, dass Du nicht, nicht rechtzeitig und/oder nicht zum vorher verhandelten Preis liefern kannst, also: Du als Verkäufer weißt eigentlich, dass es später Lieferschwierigkeiten oder Fristverzögerungen für die gerade von Dir angebotene Leistung geben kann oder geben wird. Dein Unternehmen kann nicht in der erforderlichen Qualität, Menge oder Zeit liefern oder Dein Unternehmen und Du müsstet sogar draufzahlen, wenn Ihr dem Auftrag in der früher abgeschlossenen Form oder zu dem damaligen Preis ausführen müsstet. Das ist dem Kunden naturgemäß einigermaßen »egal« – wenn er nicht sogar ein »kalkuliertes Szenario« bei euch dahinter vermutet, mit dem Du nachkarten willst. Dein Kunde ist also gerade richtig sauer. Nicht kooperativ. Im ›Kampfmodus‹. Eine schlechte Strategie ist es jetzt, in dieser Situation emotional Kontra auf womöglich emotionale Angriffe zu geben oder sich zu verteidigen. Vielmehr solltest Du durch geeignete Taktiken den Druck aus der Situation herauszunehmen, um so zu Lösungen zu gelangen.

Taktik 1: Keinen Gegendruck erzeugen, sondern Verständnis zeigen

Dem Kunden zu erklären, dass er sich mit seiner Sparpolitik oder dem wenig vorausschauenden Procurement selbst in die Misere gesteuert hat, stresst die Beziehung noch mehr. Ebenso wie Du keine Schuldzuweisungen über Dich ergehen lassen willst, will wohl auch Dein Gesprächspartner nicht in den Kategorien der Schuld handeln oder behandelt werden. Zeig also stattdessen Verständnis für ihn und seine Situation. Heilung geschieht erstmal immer auf persönlicher, menschlicher und emotionaler Ebene – dann wird der Weg frei für den sachlichen Argumentationsaustausch und für die Lösungsfindung.

Ein Formulierungsbeispiel: »Das ist jetzt wirklich keine angenehme Situation, die Sie intern aushalten müssen. Ich bin heute zu Ihnen gekommen, um Ihnen dabei zu helfen, die Situation schnellstmöglich zu entschärfen.«

Die Formulierung enthält gleich zwei kluge Schachzüge: Du zeigst einerseits, dass Du das Rückgrat hast, Dich zum Kunden zu bewegen, Dich offen zu machen, Dich der Situation klar und bewusst zu stellen. Das stellt Augenhöhe her! (Du glaubst ja nicht, wie viele Verkäufer sich mit läppischen »Tut uns leid, dass wir wegen YYZ nicht fristgemäß liefern können, ist halt höhere Gewalt, ein schönes Leben noch«-Mails aus der Affäre zu ziehen versuchen.) Das vermittelt Glaubwürdigkeit, Vertrauenswürdigkeit und Zuverlässigkeit. Zudem zeigt es, dass Du Dich in die Schuhe des Einkäufers begibst und in der Lage bist, seine Situation in seinem Unternehmen nachzuempfinden und zu berücksichtigen. Gemäß der indigenen (indianischen) Lebensweisheit: »Großer Geist, bewahre mich davor, über einen Menschen zu urteilen, ehe ich nicht eine Meile in seinen Mokassins gegangen bin.« Das heißt: Verständnis erzeugt Verstehen! Du zeigst, dass Du nicht egoistisch das Beste für Dich willst, sondern einen beiderseitigen Nutzen anstrebst. Oft entsteht dabei ein Solidaritätseffekt – Dein »Gegenüber« erkennt den hilfreichen Partner in Dir.

Taktik 2: Das 4-Schritte-Modell anwenden und umsetzen

Situation analysieren – Problem von Personen und Unternehmen trennen und Problem sachlich schildern – neugierig auf finale Lösung machen – Umsetzung einleiten: das ist das 4-Schritte-Modell. Es lässt sich so umsetzen:

- **Schritt 1** – Analyse: »Ich habe mir genau angesehen, was zu dieser Situation geführt hat, und überlegt, wie wir da wieder rauskommen – auch langfristig, damit das nicht noch mal passiert.«
- **Schritt 2** – Problem von Personen und Unternehmen trennen und es sachlich schildern: »Zurzeit der damaligen Ausschreibung stand der Preis stark im Fokus, damit wir beide gegenüber Ihrem Endkunden wettbewerbsfähig sind. Hätten wir beide damals geahnt, was wir heute wissen, hätten wir die Puffer größer angelegt, was jedoch eben auch höhere Aufwendungen von Anfang an bedeutet hätte.«

Jetzt ist es wichtig, gleich die mögliche Lösung anzusprechen, um gar nicht erst eine Diskussion aufkommen zu lassen, bei der es zu Schuldzuweisungen kommen könnte.

- **Schritt 3** – Vorschläge zur direkten und dauerhaften Lösung geben: Dabei knüpfst Du mit der UM-Technik direkt an die Formulierung in Schritt 1 an: »UM Ihnen nun direkt zu helfen und langfristig nicht mehr zu einer weiteren Lieferkettenunterbrechung zu kommen, ...«
- **Schritt 4** – Umsetzung: Preisschild ansprechen und nicht weich werden: »In Summe bedeutet die Sonderbeschaffung den Betrag X und die langfristige Lösung den Betrag Y. Beide Beträge sind knapp kalkuliert, denn wir streben eine gemeinsame Lösung mit Ihnen an, die wirklich tragbar und tragfähig ist. Ich habe das persönlich nochmal kontrolliert.«

Mit dieser Strategie kommst Du bei und mit den meisten Profi-Einkäufern weiter, weil sie genauso wie Du an einer schnellen und gemeinsamen Lösung interessiert sind. *Aber Achtung*: Ich bin mir sicher, dass die eine oder der andere Einkäufer versuchen wird, die Kosten auf Dich abzuwälzen, nach dem Motto: »Sie haben die Konditionen damals ausverhandelt und unterschrieben!« Was kannst Du jetzt tun?

Taktik 3: Vertragsanpassung anstreben

Und ja, Du hast das damals akzeptiert und unterschrieben, doch eben nur unter Druck. Womöglich hast Du sogar Klauseln akzeptieren müssen, die jetzt gegen Dich sprechen oder Dir die Hände zu binden scheinen. Aber das ist keine Lösung – und um Lösungen zu finden, darfst Du Dir jetzt das Recht herausnehmen, mit Mut und (fairer) Cleverness vorzugehen. Um eine Allianz zwischen dem Kunden und Dir zu schmieden, um profitabel zu sein. Immerhin geht es um Deine Marge und Deinen Gewinn. Jetzt ist der Moment gekommen, die Karten neu zu mischen.

Lass uns dazu eine neue Situation betrachten. Mir sagte einmal der Einkäufer in einer Verhandlung, die ich für einen Anbieter von Handelsprodukten führte: »Sie sind für die ununterbrochene Belieferung verantwortlich, das hat Ihr Unternehmen damals schriftlich zugesichert! Ich bestehe darauf, dass der Vertrag erfüllt wird. Der läuft noch ein weiteres Jahr, bevor neu ausgeschrieben wird.«

Was auf den ersten Eindruck sehr aggressiv klingt, lässt uns bei näherem Nachdenken aufhorchen, denn: Wer wird wohl so massiv auf der Erfüllung eines Vertrages bestehen?

- Derjenige Einkäufer, der eine bessere Alternativen als Dich oder Dein Unternehmen an der Hand hat?
- Oder derjenige Einkäufer, der Dir auf Gedeih und Verderb ausgeliefert ist?

Was glaubst Du? Ich jedenfalls antwortete dem Einkäufer: »Ja, das ist zu den damaligen Informationen auch richtig gewesen. Stand heute wissen wir (beide), dass es so, wie wir es vereinbart haben, nicht umsetzbar ist.«

Und auf die Forderung: »Vertrag ist Vertrag, das kann nicht geändert werden!«, antwortete ich: »Wenn wir beide übereinkommen, dass der Vertrag so nicht umsetzbar ist, können wir sehr wohl jederzeit den Vertrag anpassen, selbst wenn dieser eigentlich noch ein weiteres Jahr gültig ist. Entscheidend sind nicht die zwei Jahre, von denen in dem damaligen Vertrag die Rede ist. Sondern entscheidend ist, wie wir den Vertrag leben, was wir daraus machen. Was wir angesichts der neuen Rahmenbedingungen als tragfähige Zukunftslösung vereinbaren.«

Es wird Dich interessieren, wie es weiterging: Der Einkäufer hat sich zuerst mit allen verhandlerischen Mitteln gewehrt. Ich selbst blieb geradlinig und kooperativ beim Lösungsangebot. Denn ich kenne diese Regel aus dem Einkauf: »Als Einkäufer erst mal kräftig auf den Busch klopfen und das Bestmögliche herausholen. Sobald es nicht mehr weitergeht, die beste Option abschließen.«

Nachdem der Einkäufer erkannt hatte, dass die Lösung der Vertragsanpassung auch für ihn die bestmögliche Option darstellte, willigte er schließlich ein.

Meine Lehre daraus: Vertragsanpassungen sind auch nachträglich möglich, wenn sie von Vorteil für beiden Seiten sind. Wenn deutlich wird, dass der neue Lösungsvorschlag für beide die beste Option ist, dass (neben Dir und Deiner Firma) der Einkauf des Kundenunternehmens möglichst handlungsfähig bleibt. Um eine neue Kooperation zu schmieden, ist es notwendig, mit Überzeugung und Konsequenz die eigenen Ziele zu verfolgen und den Gesprächspartner so zu unterstützen, dass auch er seine Ziele ohne Gesichtsverlust erreichen kann.

Strategie 3: Lerne aus der Vergangenheit

Die Konzentration auf die Problemlösung und die Vermeidung von Schuldzuweisungen bedeutet nicht, dass es keine Fehleranalyse geben darf. Klar ist: Wenn von einem der Beteiligten ein Fehler gemacht worden ist, darf er sich in Zukunft nicht wiederholen. Um dies zu verhindern, musst Du in die Analyse gehen und prüfen, wodurch es zu der Lieferkettenunterbrechung gekommen ist. Der Blick zurück in die Vergangenheit dient aber nicht dazu, um einen Schuldigen zu finden und diesen mit Vorwürfen zu überschütten, sondern um die Ursachen für die Zukunft auszuschließen und daraus zu lernen. Der Blick zurück zeigt oft, dass Lieferkettenprobleme weniger mit einer Fehlplanung zu tun hatten, sondern mit einer Krise, in deren Gefolge Entwicklungen aufgetreten sind, die nicht vorausgesehen wurden (Sie hätten allerdings vorausgesehen werden können, wie wir im nächsten Abschnitt sehen). Und während eine Fehlplanung zum Beispiel lediglich Dich und Dein Unternehmen betrifft, haben bei einer Krise alle Wettbewerber einer Branche mit den Folgen zu kämpfen.

Es gibt keine unvorhersehbaren Krisen, es gibt nur in Vergessenheit geratene Krisen!

Es ist zwar richtig, dass wir nicht in die Zukunft blicken können. »Prognosen sind äußert schwierig, vor allem, wenn sie die Zukunft betreffen!« – dieses Bonmot wurde schon vor ewigen Zeiten wahlweise Mark Twain, Winston Churchill oder Kurt Tucholsky zugeschrieben.

In diesem Zusammenhang kam es einmal mit einem meiner Seminarteilnehmenden – ich nenne ihn hier Max Mustermann – zu diesem Dialog:

- Max Mustermann: »Ich habe doch keine Kristallkugel, in der ich die Zukunft sehen kann. Wie hätte ich ahnen können, dass die Preise für das Gut/Produkt/Rohstoff/Vorprodukt steigen?«

- Urs Altmannsberger: »Ist das Dein Ernst, Max? Du hast noch nie Preise steigen sehen?«
- Max Mustermann: »Doch, natürlich, allerdings noch nie so schnell und so hoch!«
  Zur Erläuterung: Der Verkäufer Max Mustermann musste seinem Kunden mitteilen, dass es zu Lieferkettenproblemen gekommen war, weil die Preise für sein Produkt enorm gestiegen waren.
- Urs Altmannsberger: »Warst Du 1999 dabei, als jeder noch schnell einen Y2K-fähigen Computer gekauft hat?«
- Max Mustermann: »Ja, richtig. Da schnellten die Preise vor Jahresende ordentlich hoch, und viele Bauteile waren gar nicht mehr verfügbar.«
- Urs Altmannsberger: »Siehst Du! Das war damals ein besonderes Event.«
- Max Mustermann: »Ja, ich erinnere mich. Zur Jahrtausendwende sorgte der sogenannte Y2K-Bug für Hektik, Stress und Panik. Man befürchtete, dass die Umstellung von 1999 auf 2000 zu großen PC-Problemen führen würde. Experten meinten, die Datumsumstellung könnte zu Ausfällen kritischer Infrastrukturen führen.«
- Urs Altmannsberger: »Kein Wunder, dass die Verunsicherung zu Preissteigerungen führte, dieses Problem gab es halt nie zuvor. Und solche Preissteigerungen sind schon aus sehr viel geringeren Gründen möglich.«
- Max Mustermann: »Jetzt, wo Du es sagst, Urs. Manchmal reicht schon ein Testbericht in einem Computermagazin mit dem Fazit, dass eine spezielle Grafikkarte besonders genial sei – und schon schießt der Preis in den Märkten nach oben.«

In vorigen Krisen Lösungsmuster für morgen entdecken

Ich war in grauer Vorzeit Einkaufsleiter eines sehr großen IT-Systemhauses. Auch da konnte so ein Testbericht durchaus die Kalkulation eines Auftrages erheblich beeinflussen. Übertragen wir die Problematik auf unsere Lieferketten und deren Stabilität: So gut wie jedes Produkt hat eine gezackte Verfügbarkeitskurve. Mal ist viel davon verfügbar, mal wenig. Die Verfügbarkeit führt mithin zu schwankenden Preisen. Aber auch bestimmte Ereignisse – sei es nun ein Jahrhundertereignis wie der Y2K-Bug oder nur ein Testbericht – ziehen jene Preisschwankungen nach sich.

Um es konkret zu machen: Durch den positiven Testbericht in dem Computermagazin erfolgt im IT-Bereich ein Nachfrageanstieg. Durch die Coronapandemie kommt es zu Reisebeschränkungen und damit zu heftigen Nachfrageeinbrüchen bei Flugreisen, etwa im Tourismus und im Businessbereich. Und infolge des Ukrainekrieges erleben wir eine stark sinkende Verfügbarkeit von Getreide aus der Ukraine und Gas aus Russland.

Bei den beeinflussenden Ereignissen kann es sich um kleine und eher unscheinbare oder um Großereignisse handeln, die Folgen für Dich sind erst einmal ähnlich: Die Preise steigen und gefährden Deine Verträge mit dem Einkauf. Du kannst diese Schlussfolgerungen daraus ziehen:

- **Schlussfolgerung 1:** Überleg in Ruhe, welche Arten von Krisen in der Vergangenheit inwiefern Einfluss auf Deine Märkte, Dein Business, Deinen Verkauf und Deine Lieferketten genommen haben.
- **Schlussfolgerung 2:** Bedenke dabei, dass es keine unvorhersehbaren Krisen, sondern nur in Vergessenheit geratene Krisen gibt. Nimm auch die anscheinend unbedeutenden Krisen unter die Lupe.
- **Schlussfolgerung 3:** Gibt es Muster in den Krisenabläufen und den Auswirkungen auf Deine Märkte, Dein Business, Deinen Verkauf und Deine Lieferketten? Wie sehen diese Muster aus?
- **Schlussfolgerung 4:** Welche Lösungen hast Du seinerzeit gefunden?
- **Schlussfolgerung 5:** Gab es Lösungen, die Du entdeckt hast, jedoch zu spät, um sie noch in Anwendung zu bringen?
- **Schlussfolgerung 6:** Wage jetzt den Blick nach vorn: Nutze die entdeckten Muster in den Krisenabläufen und die (potenziellen) Lösungen, um vorausblickend für künftige Krisen mögliche Lösungsalternativen zu entwickeln und zu nutzen, insbesondere für die Lieferkettenproblematik.
- **Schlussfolgerung 7:** Entwickle die Lösungsalternativen zusammen mit Deinem Einkauf; nutze die Einkäufer als Coaches, die Dir mit ihrer unternehmensinternen Expertise und Erfahrung helfen, ein effektives Krisenmanagement aufzubauen.

Trau Dich, auch Lösungen zu entwickeln, die momentan visionär oder unrealistisch erscheinen, etwa weil sie hohe Kosten und enormen Aufwand verursachen. Es geht darum, zuerst groß zu denken und anschließend das realistisch Machbare umzusetzen.

Strategie 4: Sorge mit einer differenzierenden Preisformel für ideale Vertragsvereinbarungen für Ein- und Verkauf

Du kennst das Problem: Du kalkulierst einen Preis, indem Du überlegst, welche verschiedenen Preisbestandteile einfließen: Arbeitskosten, Energiekosten, Materialkosten verschiedenster Art, eventuell Kosten für Rechte und immaterielle Güter, Personalkosten, Kosten der Vermarktung und des Vertriebs, Transportkosten und so weiter. Sagen wir, Du bietest einen Preis von 100.000 Euro an, und dieser wird von den Kunden akzeptiert. Nun das Dilemma: Von Deinen – sagen wir – acht von Dir zugrunde gelegten Preisbestandteilen verändern sich zwei enorm. In der heutigen Zeit fällt einem natürlich sofort das Beispiel »Energiekosten« ein. Oder auch die Logistikkosten: Wir wissen, dass in vielen Bereichen Personal knapp ist, zum Beispiel gibt es viel zu wenige Lkw-Fahrer. Wer als Unternehmen und Einkäufer Versorgungssicherheit bei den Lieferketten haben will, muss bereit sein, tiefer in die Tasche zu greifen. Stehen keine Lkw-Fahrer zur Verfügung, reißt die Lieferkette ab.

Zurück zu Dir, dem Verkäufer. Weil sich zwei Preisbestandteile verändern, musst Du den Gesamtpreis von 100.000 Euro neu verhandeln. Du weißt, welchen Ärger das bedeutet. Endlose Telefonate und Verhandlungen, denn der Einkäufer besteht zunächst (wahrscheinlich) auf dem vertraglich vereinbarten Preis. Er fokussiert sich – aus seiner Sicht zurecht – auf die (Mehrzahl der) Preisbestandteile, die sich nicht ändern: »Dass die Energie- und Transportkosten ein bisschen steigen, rechtfertigt doch noch lange nicht, gleich den gesamten Preis neu zu verhandeln! Es bleibt bei dem vereinbarten Preis!«, so sein Argument.

Wie können Einkauf und Verkauf das mühsame Hin und Her des endlosen Nachverhandelns beenden?

Mit der Preisformel arbeiten

Seit Jahren entwickle ich die »ideale Vertragsvereinbarung« zwischen Anbietern und Abnehmern. Wie müsste eine vertragliche Vereinbarung aussehen, die Konjunkturzyklen und zusätzliche Marktveränderungen berücksichtigt und dabei immer wieder zum optimalen Ergebnis kommt? Bleiben wir bei dem Beispiel oben:

- Du kommunizierst dem Einkäufer gegenüber, wie sich Dein Preis im Einzelnen zusammensetzt.
- Du verhandelst mit ihm, bei welchen Preisbestandteilen er bereit ist, einen Zuschlag zu zahlen, wenn die Konjunkturzyklen und Marktveränderungen – wie etwa Veränderungen im Energie- und Transportbereich – dies erforderlich machen.
- Daraus ergibt sich eine flexible Preisformel, in der es bezüglich jedes Preisbestandteils eine Variable gibt, die festlegt, was der Einkäufer zu zahlen bereit ist (und was Du bei der eingetretenen Veränderung an Preisveränderung veranschlagst).
- Für unser Beispiel heißt das: Die 100.000 Euro setzen sich aus acht Preisbestandteilen zusammen, es gibt Änderungen in zwei Bereichen (Energie und Logistik), die anderen sechs bleiben im Wesentlichen unberührt. Die Preisanpassung erfolgt auf Grundlage der in der Formel vereinbarten Variablen, also bezüglich der zwei Preisbestandteile »Energie: + 4 Prozent« und »Transport: + 5 Prozent«.

Die Preisformel funktioniert, wenn der Einkäufer seine Zustimmung und sein Einverständnis dazu gibt. Das hat den zusätzlichen Vorteil, dass Einkauf und Verkauf bei Veränderungen nicht mehr in ausufernde und nervenaufreibende Verhandlungen, Gespräche und Telefonate einsteigen müssen. Denn die Auswirkungen der Veränderungen bei einzelnen Preisbestandteilen sind ja vorab in der Preisformel festgelegt worden! Hinzu kommt der psychologische Aspekt: Es wird nicht der »große« Gesamtpreis (von 100.000 Euro) verhandelt, sondern »nur noch« kleinere Preisbestandteile.

Ich arbeite mit Unternehmen zusammen, die ihre Preisformel berechnet, diese mit dem Einkauf der Kundenunternehmen verhandelt und festgelegt und sie schließlich in eine Exceltabelle gegossen haben. Der Nutzen: Gibt es Änderungen bei Preisbestandteilen, genügt ein Blick in die

Tabelle, um die (ja zuvor verhandelten und vereinbarten) Auswirkungen auf die Preisgestaltung direkt zu sehen und umzusetzen.

In dem Beispiel ist auch die Lieferkettenproblematik angesprochen. Der Einkäufer ist bereit, für den Preisbestandteil »Transport« fünf Prozent mehr zu bezahlen, weil er ausschließen will, dass der Mangel an Lkw-Fahrern für ihn zu einem Problem wird. Denn dies würde zu einem fatalen Lieferkettenabriss führen.

Das bedeutet zweierlei: Für den Einkäufer ist die Versorgungssicherheit gewährleistet. Und Du kannst zugleich mit sehr hoher Wahrscheinlichkeit davon ausgehen, dass das Transportunternehmen die Lieferkette nicht abbrechen lässt. Immerhin bist Du bereit, den höheren Preis dafür zu zahlen, dass er dafür Sorge trägt, genügend Fahrer zur Verfügung zu stellen. So gründet Deine Lieferfähigkeit auf einem sicheren Fundament.

Mit Einwänden gegen die Preisformel konstruktiv umgehen

Wie aber verhinderst Du, dass ein Einkäufer die Sorge hat, eine Preisformel führt zu einem Selbstbedienungsladen für den Verkäufer? Manche Einkäuferinnen und Einkäufer treibt die Befürchtung um, durch die Formel entfalle für den Verkauf der Marktdruck und der Zugzwang, ein preiswertes Angebot zu unterbreiten, bei dem die Preiserwartungen des Einkäufers Berücksichtigung finden. »Diese Formel ist ein Freischein für ständige Preiserhöhungen!«, so ihr Einwand.

Meine Empfehlung lautet, die Preisformel insgesamt und auch die einzelnen Preisbestandteile immer dann gegen den Markt abzugleichen, wenn es zu sehr ungewöhnlichen Marktveränderungen kommt. Entscheidend ist, Deinen Einkäufern zu verdeutlichen, dass Du diesen Marktabgleich regelmäßig nach dem Motto durchführst: »Was würde die Leistung kosten, wenn sie neu am Markt angefragt wird? Stimmt das mit meinem Formelergebnis noch überein? Oder muss eine Anpassung erfolgen?«

Dazu eine weitere Überlegung: Es kann ja durchaus auch zu einer Reduzierung eines Preisbestandteils in der Preisformel kommen, also etwa: »Materialkosten: - zwei Prozent«. Auch dies sollest Du den Einkäufern prominent kommunizieren, um klarzustellen, dass dieses Verfahren von Vorteil für sie ist. »Die Preisformel greift Preissteigerungen *und* Preissenkungen auf« – das ist die Botschaft, die Du an den Einkauf Deiner Kundenunternehmen richten wirst.

Mindset ist entscheidend

Mit der Preisformel ist es möglich, bei der Preisgestaltung Konjunkturzyklen und Marktveränderungen automatisch zu berücksichtigen. Das Verfahren der »idealen Vertragsvereinbarung« funktioniert am besten, je mehr Marktteilnehmende sich daran beteiligen. Und dann relativiert sich auch die Lieferkettenproblematik.

Allerdings: Viele Marktteilnehmende sind dafür noch nicht reif genug, denn es braucht ein bestimmtes Mindset und eine veränderungsbereite Haltung dafür. Einkäufer und Verkäufer müssen in ihrer Eigenschaft als Verhandler den Mut entwickeln, sich von liebgewonnenen Gewohnheiten zu verabschieden und neue Wege einzuschlagen, die fernab liegen von althergebrachten Traditionen, die nach dem Motto funktionieren: »So wurden schon immer ein Preis und die Menge verhandelt und fixiert – und das muss auch immer so bleiben.«

Im Idealfall beteiligen sich alle Deine Rohstofflieferanten, Deine Dienstleistungsanbieter und alle Personen, deren Leistungen in Deine Kalkulation einfließen, und alle Kunden und deren Kunden an der Verfahrensweise der flexiblen Preisgestaltung mithilfe der Preisformel. Dann dürfen wir uns über Flexibilität statt Starre freuen, und wir haben zu jeder Zeit realistische Preise.

Die Teilnehmenden meiner Verhandlungstrainings für Verkäufer wenden oft ein: »Da macht der Kunde nicht mit. Die wollen Fixpreise.« Und das stimmt oft auch, genauso läuft es (jetzt noch oft) in der Praxis – das jedoch ist »altes Mindset«. Vielleicht merken auch Deine Kunden, dass die hier vorgestellte Art der Preisgestaltung große Vorteile für sie aufweist und der Einkaufsseite viel Ärger erspart. So kannst Du dem Einkäufer beispielsweise verdeutlichen, dass die Preisformel das ständige zeitraubende Nachverhandeln, das aufgrund vergangener Ereignisse stattfinden muss, entfällt. Denn die Preisformel reflektiert ständig den in der Gegenwart optimalen Preis.

Angebot: Vielleicht ist es zielführend, wenn Du und ich ein persönliches Gespräch führen, um die Verfahrensweise nicht nur auf Dein vertriebliches Umfeld zu beziehen, sondern auch um zu prüfen, wie es um Dein Mindset und Deine Veränderungsbereitschaft bestellt ist. Denn diese ist für die professionelle Anwendung der Preisformel unerlässlich.

In dem Fall erreichst Du mich unter den Kontaktangaben vorn im Impressum dieses Buches.

Strategie 5: Ziehe Nutzen aus der Situation und Denkweise der Einkäufer

Du und ich verfolgen mit den Strategien dieses Booklets gleich mehrere Ziele:

1. Vor allem wollen wir langfristig stabile Lieferketten erreichen.
2. Wir wollen Dich zudem aus der Problemsituation »Du und/oder Dein Unternehmen ist/sind schuld an der gerissenen Lieferkette/Lieferschwierigkeiten/Margenprobleme« herausziehen.
3. Dabei sollte auch noch ein Gewinn für Dich möglich sein. Das heißt: Aus den stabilen Lieferketten sollten sich dauerhaft profitable Lieferketten entwickeln.

Tipp: *Walk in their shoes!* – Geh in ihren Mokassins! Damit Du diese drei Ziele erreichst, solltest Du die Kompetenz aufbauen, wo immer möglich die Perspektive des Einkäufers einzunehmen und seine Sichtweise der Dinge zu analysieren und zu berücksichtigen. Momentan mag es so sein (oder scheinen), dass Du als Verkäuferin und Verkäufer, als Lieferantin und Lieferant in der Machtposition bist, weil es für Dich ein toller Moment ist, die (Verhandlungs-)Situation zu Deinem Vorteil zu ändern (... wenn und solange Du nicht in der Position bist, dass Du selbst »short« an Vorprodukten bist und nicht oder erst verspätet oder zu einem viel höheren Preis, der Deine Marge kaputtmacht, liefern wirst). Du befindest Dich in einer guten Verhandlungssituation, denn die Einkäufer hoffen, dass Du sie beliefern kannst; wenn nicht zu jedem, so doch zu fast jedem Preis. Während Du gestern noch gefühlt »den Karren aus dem Dreck ziehen musstest«, sitzt Du heute also quasi in einer goldenen Kutsche. Lass uns nachschauen, was da dran ist. Nehmen wir dazu einmal die Sichtweise eines typischen Einkäufers ein – *we walk in his shoes*:

In den Kopf des Einkäufers eintauchen – Perspektivenwechsel Teil 1: 2015

Nehmen wir als Beispiel den Einkäufer Peter Berger. Er ist in einem Unternehmen dafür zuständig, Halbleiter zu beschaffen, aus denen seine Firma Steuergeräte für Treppenlifte, Personenzüge, Lastkraftwagen, Autos und Produktionsstraßen produziert. Im Jahr 2015 steht Peter Berger ein breiter Anbietermarkt gegenüber. Die Umsätze seiner Firma stimmen und sind gut abzuschätzen, er hat die Höhe der Lagerbestände bequem im Griff, es kommt schnell und zuverlässig Ware nachgeflossen, sobald sie benötigt wird. Um es auf den Punkt zu bringen: Die Situation für den Einkäufer Peter Berger ist recht komfortabel. Er kann sich in Ruhe »seine« Lieferanten aussuchen.

Tatsächlich sind in stabilen und ruhigen Phasen die Schreibtische der Einkäufer gut mit Angeboten gefüllt. In den Verhandlungen mit den Lieferanten – also Verkäufern wie Dir – steht der Preis an erster Stelle; dann die Qualität (diese wird vorausgesetzt), und erst mit großem Abstand folgen als Entscheidungskriterien die Menge, die Verfügbarkeit sowie die (kurze/Just-in-Time-)Lieferfrist.

Perspektivenwechsel Teil 2: Die Krise ist da

Jetzt blenden wir in eine Krisenzeit (wie wir sie alle gerade erlebt haben und weiter erleben) über. Die Krise kann vielfältige Gesichter annehmen: Ein Kriegsgeschehen, ein abstruses politisches Wahlergebnis, ein aufkommender Protektionismus und Nationalismus der Länder und Märkte, ein Vulkanausbruch, eine Pandemie, Folgen des Klimawandels oder ein anderes einschneidendes Ereignis: All das ruft tiefgreifende Veränderungen im Marktgeschehen hervor. Malen wir uns einmal aus, das Ereignis hat ähnliche Auswirkungen wie COVID-19, und Einkäufer Peter Berger sitzt Ende 2020 in seinem improvisierten Homeoffice. Wenn Du seine Sichtweise einnimmst, stellst Du fest: Bei Peter Berger hat sich nicht nur der Arbeitsplatz vollkommen verändert, überdies haben sich die Prioritäten verschoben. Während sich früher die Gespräche um Themen wie Preise, Nachlässe und Boni rankten, ist in seiner Welt nun die Rede von gerissenen Lieferketten und Warenflüssen, die aufgrund der Rohstoffknappheit ins Stocken geraten. Die Situation verschärft sich, weil es in den Unternehmen der Lieferanten an qualifizierten Mitarbeitern (Pandemie, Nachwuchsmangel, Führungskräftefluktuation) mangelt.

Peter Berger ist verzweifelt auf der Suche nach Lieferanten, die nicht nur liefern wollen, sondern auch liefern können. Sein Smartphone glüht – am anderen Ende der kabellosen Leitung zuckt der Key Account Manager des Lieferanten (also Du) ratlos mit den Schultern, weil es seinem Unternehmen nicht anders geht. Der Lieferant muss sich anhören, dass die Produzenten die Halbleiter nicht fertigstellen können, weil ihnen die Roh- und Fertigungsstoffe, die Kapazitäten und oft die entsprechenden Mitarbeiter fehlen. Und wenn dann tatsächlich eine Charge für den Versand fertig im Warenausgang des Lieferanten steht, fehlen der Container, der Lkw, das Schiff (oder es steckt im Suezkanal fest), der Kranführer, die Zollbeamtin, das Heer der Sachbearbeiter und wer und was sonst noch alles notwendig ist, um die Ware an Peter Berger auszuliefern.

Die Situation Peter Bergers ist alles andere als komfortabel und entlädt sich in dem verzweifelten Stoßseufzer: »Alles Mist, wenn die Lieferkette gleich an mehreren Stellen gerissen ist!«

Schmiede das heiße Eisen!

Genau jetzt ist in der Zusammenarbeit mit dem Einkauf Dein Moment gekommen: Denn selten oder vielleicht nie zuvor war der Einkauf (zwangs- und erfahrungs-)weise so offen, über bessere Lieferkettensicherungen zu sprechen. Selten waren die Geschäftsführerinnen und Unternehmensleiter so bereit, Budgets für bessere, für sicherere, für lokalere, für nachhaltigere Lieferanten und für funktionierende Lieferwege zu investieren.

Heute ist Deine Chance, die Du unbedingt ergreifen musst. Heute ist der Tag, an dem Du Deine Produktionsprozesse und Verträge nach einem passenden Muster neu stricken kannst. Warte nicht zu lange ab. Die Situation kann sich wieder ändern und die Einkäufer in die Situation des Jahres 2015 rückkatapultieren. Ich vermute: Die Situationsveränderung wird erst in einiger Zeit erfolgen, aber sie wird kommen!

Darum: Schmiede das heiße Eisen! Verhalte Dich dabei fair gegenüber den Einkäufern, ohne Deine Ziele und Deine Erfolge aus den Augen zu verlieren. Beides lässt sich miteinander verbinden. Ihr sitzt beide in demselben Boot.

Um das heiße Eisen zu schmieden, ist es zielführend, die Perspektive des Einkäufers einzunehmen und zu prüfen, was das für Deine Verhandlungsposition bedeutet. Betrachte dabei den kurzfristigen Aspekt, jedoch auch die mittel- und langfristige Dimension. Eine fordernde Verhaltensweise, die Dir in der jetzigen Krisenzeit nutzt, kann Dir mittel- und langfristig zum Nachteil gereichen, wenn der Einkauf sich wieder in einer stärkeren Position befindet. Denk »beim Aufstieg in die bessere Verhandlungsposition« immer daran, dass Du diese Leute wiedersehen wirst, wenn Du Dich auf dem Abstieg (und der kommt zyklisch und sicher) befindest. Es geht also alles nur, wenn Ihr euch beide auf Augenhöhe und fair begegnet!

Reframing: Stell die Situation in einen neuen Zusammenhang

Obwohl viele Einkäufer in einer misslichen Situation sind, ergreifen Sie im Gespräch mit dem Verkäufer die Flucht nach vorn. Sie bezweifeln die Fakten, stellen Forderungen, lassen Dich nicht zu Wort kommen und greifen Dich vielleicht sogar persönlich an. Nun könntest Du Deine (momentan) starke Verhandlungsposition ausspielen. Damit jedoch zerschlägst Du nur Porzellan und verhinderst den Aufbau einer konstruktiv-sachlichen Beziehung zu dem Einkäufer. Meine Empfehlung ist, mit der Technik des Reframing zu arbeiten. Dabei wird die Situation in einen anderen Rahmen gestellt, auch, um die negativen Emotionen aus dem Gespräch herauszunehmen. Mach Dir klar: Die Emotionen Deines Gesprächspartners kochen so hoch, weil er unter erheblichem Druck steht. Am liebsten würde er laut um Unterstützung bitten: »Hilf mir, Lieferant, hilf mir, Key Accounter! Meine Nerven sind zum Zerreißen gespannt. Ich bin für jede Unterstützung dankbar!« Darüber hinaus signalisiert er Dir: »Ich habe keinen anderen besseren Lieferanten, der einspringen könnte – denn sonst wäre ich nicht so angespannt und fies. Ich bin auf Dich so angewiesen wie Du auf mich. Was ich in den Ausschreibungen dargestellt habe, entspricht nicht ganz die Wahrheit. Ich bin auf Sie angewiesen!«

Um zu verdeutlichen, wie Du das Reframing einsetzen kannst, hier einige Beispiele:

- Wenn Dich der Einkäufer beschimpft, macht er das eigentlich aus Verzweiflung. Er will Dich mit untauglichen Mitteln unter Druck setzen, in ausreichender Menge und pünktlich zu liefern. Du reframest die Situation, indem Du seine Angriffe in einen anderen Rahmen stellst und sagst: »Ich höre Ihre Kritik und verstehe Ihre Situation. Allerdings: Unser gemeinsa-

mes Ziel war bisher immer, zu einem Ergebnis zu gelangen, das uns beiden nutzt. Wie gelangen wir dorthin und wie setzen wir das zusammen um?«
- Der Einkäufer zweifelt die Fakten an, die Du bezüglich des Lieferkettenabrisses und der Lieferschwierigkeiten nennst. Natürlich – wieder agiert er so, weil er unter massivem Druck steht. Das Reframing könnte so aussehen: »Ich finde es gut, wenn Sie unser Gespräch auf eine faktensichere Basis stellen. Allerdings liegen mir andere Zahlen vor. Wie gehen wir vor, um uns über die Fakten zu einigen?«

Entscheidend ist, dass Du die Situation aus der eigenen und gleichzeitig der Perspektive des Einkäufers betrachtest, seine Nöte und Zwänge verstehen lernst und die Situation in einen neuen und konstruktiven Rahmen stellst. Das bringt alle Beteiligten einen Schritt nach vorn. Ich habe es oft erlebt, dass erfolgreiches Reframing dazu geführt hat, die Beziehung zwischen hoch emotionalisierten Einkäufern und Verkäufern auf einem Niveau zu stabilisieren, das eine produktive Verhandlung ermöglicht hat. Einkäufer und Verkäufer ist es gelungen, die Verhandlung in einen Rahmen zu stellen, der sich mit diesen Worten beschreiben lässt: »Wir sind beide bereit, alles dafür zu tun, das Problem in der gemeinsamen Zusammenarbeit so schnell wie möglich zu lösen. Alles darf dabei infrage gestellt werden, alle Regeln und Vorgaben sind auf dem Prüfstand und veränderbar, Kosten spielen eine nachgeordnete Rolle – solange eine Lösung oder auch nur eine Teillösung möglich ist.«

Strategie 6: Verlasse die Bittstellerposition

Eine für Dich vorteilhafte Situation, wie wir sie als Grundlage der fünften Strategie beschrieben haben, hat es nicht immer gegeben. Und wird es nicht immer geben. Du musst bei der Überlegung, wie Du Lieferkettenprobleme für Dich nutzt, davon ausgehen, dass Du in Zukunft auch wieder einmal die schwierige Verhandlungsposition (»unterlegene Machtposition«) einnehmen wirst. Und dann solltest Du eines vermeiden: die Bittstellerposition einzunehmen. Am besten, Du kommst gar nicht erst in diese prekäre Lage.

»Harter« Umgangston zwischen Einkauf und Verkauf

Wer sitzt Dir gegenüber? Sind es vielleicht die großen Discounter wie Aldi oder Lidl? Oder sind es die Schwergewichte in der Automobilbranche wie Stellantis, Volkswagen oder BMW? Oder sind es Ölkonzerne, asiatische Multis und weltbekannte Lebensmittelkonzerne, die Deine Gesprächspartner sind? Es handelt sich um Beispiele, die in meinen Trainings und Verhandlungsberatungen oft genannt werden, weil sich die Teilnehmenden in den Gesprächen mit den Einkäufern solcher Unternehmen oft ohnmächtig gegenüber der ungeheuren Macht solcher Kunden fühlen und mich fragen, wie sie reagieren sollen.

Spätestens, wenn bestimmte Formen der Angebotsabfrage vom Kunden vorgegeben werden, fühlen sich die Verkäuferinnen und Verkäufer, die Key Accounter, in die Bittstellerrolle gedrängt: Der »Große« auf der anderen Seite stellt seine Regeln auf, an die sich alle Anbieter gefälligst zu halten haben. Meist wird noch ein mechanisches Instrument für die Abfrage gewählt. Das ist insbesondere bei Ausschreibungen oder Aufwärtsversteigerungen der Fall. Letzteres sind Auktionen, bei denen auf Käuferseite mit einem viel zu niedrigen Preis begonnen wird, der sukzessive gesteigert wird. Derjenige Anbieter, der zuerst dann den Preis und die Konditionen akzeptiert, hat sofort den Zuschlag oder Auftrag. (Es gibt auch – aber das ist bei engen Märkten selten – den umgekehrten Fall der »Rückwärtsauktion«, dass der Anbieter schrittweise fallende Preis ausruft, und der Käufer bei dem Preislevel zuschlägt und die Ware erhält, das er als erster zu zahlen bereit ist.) Sowohl bei Ausschreibungen oder Aufwärtsversteigerungen gilt: Der Druck auf den Anbieter wächst, allein den Preis als Auswahlkriterium in den Fokus zu rücken. Und das willst Du natürlich verhindern.

Oft missachtet der Einkauf der »großen« Firmen wichtige Wirtschaftsregeln. Ein Vorgehen, das sich später durchaus rächen könnte. Ich denke hier etwa an die Regeln eines leistungsorientierten, fairen und partnerschaftlichen Umgangs miteinander. An Werte wie Leistung, Fairness und Partnerschaft. Verkäufer, die von Einkäufern unfair und schlecht behandelt werden, vergessen dies nicht. Und weil sich das Machtgefüge im Laufe einer Geschäftsbeziehung ändert, sollte der Einkauf andere Parameter im Blick haben als nur den Preis. Das gebieten allein schon Vernunft und Anstand.

Der Umgangston zwischen Einkauf und Verkauf hatte sich schon einmal sehr verhärtet. Ich erinnere an José Ignacio López de Arriortúa, der in den 1980er- und 1990er-Jahren zum Beispiel für Opel, General Motors oder Volkswagen tätig war. Der Manager zwang die Zulieferer seiner jeweiligen Arbeitgeber zu ungeheuerlichen und nicht nachvollziehbaren Zugeständnissen. So schrieb er den Zulieferern für einen festgelegten Zeitraum fallende (!) Preise vor, die diese nur mit Produktivitätszuwächsen ausgleichen konnten, die sie aufseiten der Automobilkonzerne anzustoßen versuchten. Der spanische Manager hat dafür gesorgt, dass sich Verhandlungsstil und Verhandlungston erheblich verschärft haben, was zu einer aggressiven Verhandlungskultur geführt hat, die bis heute nachwirkt.

Die fatalen Folgen der Überdrehung der Kosten- und Preisschraube lässt sich in diesem berühmt gewordenen Satz zusammenfassen: »If you pay peanuts, you get monkeys!« – »Wenn Du mit kleinen Nüssen zahlst, wirst Du nur Affen (für Dein Business) anziehen können«.

Vom eigenen Wert überzeugt sein

Wer nicht bereit ist, ordentlich zu bezahlen und zu entlohnen, wird langfristig eine suboptimale Lösung erhalten und diese geradezu heranzüchten. Wenn mächtige Unternehmen permanent den Preis als Entscheidungskriterium Nummer 1 anwenden, wird das Angebot zwangsläufig billig. Und zwar »billig«, nicht preiswert. Der Unterschied ist gravierend:

- *Preiswert*: Die Kriterien der Leistung, des Gutes oder des Produktes stehen im Vordergrund. Anschließend wird der Preis betrachtet und das preisgünstigste Angebot unter den tauglichen Angeboten ausgewählt.
- *Billig*: Alle Sparpotenziale werden ausgereizt und danach lediglich der Schein der gewünschten Leistung/des Gutes/des Produktes erzeugt, nach dem Motto: »Mehr billiger Schein als qualitativ hochwertiges Sein«.

Jetzt wirst Du vielleicht sagen, es sei ohnehin klar, die Billigvarianten auszuschließen. Lass Dich davon nicht blenden. Denn das ist das Problem an sich. Du darfst es nicht als gegeben akzeptieren, dass die Bewertung »billig« mehr Wertschätzung erfährt als die Bewertung »preiswert«. Bring es immer wieder auf den Verhandlungstisch, dass der Einkauf qualitative Gesichtspunkte berücksichtigen sollte – und natürlich auch die angesprochenen Werte wie Leistung, Fairness, Partnerschaft und eben auch Nachhaltigkeit (also Punkte aus dem genannten Lieferkettengesetz). Das sind heute wichtige und wertvolle Argumente – und natürlich wissen das die Einkäufer auch. Ihnen ist auch klar, dass diese immateriellen Werte und Güter in die Preisfindung einfließen (müssen) – was sie akzeptieren (müssen), weil heute bereits oftmals ihre eigenen Unternehmen in »Handbüchern« (manchmal Vendor-Books genannt oder mit einem eigenen Titel versehen) oder Vorgaben im Lieferantenmanagementsystem hohe Nachhaltigkeitsanforderungen bei der Vorauswahl (Longlist, Shortlist) oder Auswahl von Anbietern (Purchase) vorschreiben. Wenn Du Dir die Darstellung all dieser materiellen und immateriellen Werte als Ziel setzt, trittst Du automatisch aus der Bittstellerrolle für die Preisakzeptanz heraus oder vermeidest es, überhaupt erst in diese Position hineinzugeraten. Selbstbewusst machst Du deutlich, dass Du weißt, was Dein Angebot, Dein Unternehmen und Du wert sind.

Ein persönliches Beispiel: Der Personalchef eines Unternehmens rief mich an und fragte einen Vortrag zum Thema »Preisverhandlung« an. Wir unterhielten uns einige Minuten und er kam zu dem Schluss: »Ja, Thema passt! Was kostet es uns denn?« Bereitwillig nannte ich den Betrag. Und – oh Wunder – das schien ihm zu teuer. »Kein Problem«, sagte ich, »einer meiner Mitarbeiter kann den Vortrag auch halten, das kostet Sie nur einen Bruchteil.«

Woraufhin dem Kunden klar wurde: »Nein, wir wollen schon Sie als Redner haben!«

Aha: Erst als er mit der Alternative konfrontiert wurde, wurde dem Kunden bewusst, dass das wichtigste Kriterium – viel wichtiger als der Preis – verlorengegangen war: die Qualität, hier eben begründet in meiner Person (nichts gegen den Mitarbeiter!) und die jahrelange Expertise und Marktbekanntheit, die ich mir aufgebaut habe. Ganz abgesehen von dem Wert, der darin liegt, welche Verhandlungserfolge durch mein Training in Zukunft erzielt werden können. Das habe ich selbstbewusst klargemacht. Und es ist immer so: Wert schlägt Preis! So auch hier: Bereitwillig zahlte der Kunde meinen erstgenannten Betrag.

Im Recruiting und in der Personalentwicklung heißt es: »Wer für Geld kommt, geht auch für Geld wieder« – man muss ihm mehr bieten: Sinn, Wert, Wertschätzung. Das lässt sich, da bin ich sicher, genauso auf die Beziehung zwischen Verkauf und Kunde münzen: »Wer wegen billig kommt, geht wegen billiger.« Wenn es Dir vor allem oder gar allein über den Preis gelungen ist, einen Einkäufer oder ein Unternehmen als Kunde zu gewinnen, wirst Du mit hoher Wahrscheinlichkeit über den Preis auch wieder hinausfliegen. Deine Aufgabe als Verkäufer ist es, den Kunden (nicht nur den Einkauf) so zu betreuen, dass Dein inhaltliches Angebot bei einer Entscheidung schwerer wiegt als das Preisschild. Nochmal: Wert schlägt Preis! Und das Schöne ist: Mit jeder Verhandlung, die Du so erfolgreich führt, steigt nicht nur Deine Expertise und Erfahrung – es wird Dir also immer leichter fallen –, es steigt damit auch Deine Lebensqualität als Person und Unternehmen.

Strategie 7: Erzeuge bewusst »Zufälle«

In das letzte Kapitel möchte ich mit konkreten Schritten einsteigen:

1. Überlege einmal, in welchen Situationen Gespräche und Verhandlungen so abgelaufen sind, wie Du Dir das wünschst und vorstellst, sie also nach Deinen Spielregeln abgewickelt wurden. Wann Du zum Beispiel bestimmt hast, wie ein Gespräch abgelaufen ist, Deine Werte Beachtung fanden und Du Dich als der Regisseur des Kundenkontakts und der Verhandlung empfunden hast. Welche Situationen gab es in der Vergangenheit, bei denen Du am längeren Hebel saßt?
2. Anders gefragt: Unter welchen Umständen sprichst Du von einem ideal verlaufenen Kundenkontakt, von einer idealen Verhandlung und einem idealen Ergebnis?
3. Analysiere jetzt, was in diesen Fällen anders war als üblich. Und wie kam es dazu? Welche Entwicklungen und besonderen Umständen haben zu dem Top-Kundenkontakt geführt?

Und jetzt die entscheidenden Fragen:

- Ist es möglich, diese besonderen Umstände aus **Punkt 3** häufiger und absichtlich zu erzeugen?
- Und wie gelingt Dir das?

Zufälliger Abschluss – besondere Umstände strukturiert nutzen

Zur Verdeutlichung dient das Beispiel eines Trainingsteilnehmers, der mir das Folgende erzählte: »Normalerweise schrieb mein Kunde den Bedarf eines Produktes im zweijährigen Rhythmus aus. Dabei kam ich immer in die engere Auswahl, zusammen mit mindestens drei mir bekannten Wettbewerbern.

Ich ging stets an den Rand des kaufmännisch Möglichen. Das hat allerdings nicht immer gereicht, um den Auftrag zu erhalten.

Im Rahmen einer Reklamationsbesprechung, die nicht vom Einkauf initiiert war, traf ich vor Ort den Einkäufer des Kunden an. Er fragte mich beiläufig, ob ich einen Artikel, den ich ursprünglich in der Ausschreibung gegen einen Wettbewerber verloren hatte, kurzfristig anbieten könne. Ich zögerte kurz, weil das mit Mehrkosten für Extraschichten in der Produktion verbunden ist. Der Einkäufer sagte mir aber einen fairen Preis zu. Wir kamen ins Geschäft.«

Wir analysierten im Training, was bei dem Kundenkontakt anders gelaufen war als üblicherweise:

- Es handelte sich auf Kundenseite um einen dringenden Bedarf.
- Vermutlich gab es Probleme mit dem Anbieter, der die Ausschreibung ursprünglich gewonnen hatte.
- Das »zufällige« Zusammentreffen des Einkaufs mit dem Verkauf war dem Abschluss förderlich.

Lerne, den »Zufall« willentlich zu erzeugen

Entscheidend in der Analyse ist der Punkt »Zufall«. Der »Zufall« hat hier entscheidend geholfen. Also stellt sich die Frage, wie sich der »Zufall« als der entscheidende Aspekt, der zu dem unerwarteten Abschluss geführt hat, in der Zukunft häufiger und vor allem willentlich erzeugen lässt:

1. Der Verkäufer in dem Beispiel kann den Einkauf regelmäßig anrufen und nach Sonderaufträgen fragen.
2. Er kann freie Kapazitäten als Auslöser für einen Anruf nutzen.
3. Wenn es ein Match zwischen der freien Kapazität aufseiten des Verkäufers und einem eiligen Bedarf beim Kunden gibt, klingelt die Kasse!

Tipp: Allerdings gilt dabei: Auf keinen Fall darf die unter 2. festgestellte freie Kapazität verramscht werden. Der Preis für die letzten freien Kapazitäten muss stets höher sein als der Normalpreis. Fordert der Einkäufer einen Sonderpreis (weil er weiß, dass Du als Verkäufer noch eine Überkapazität hast), gibt es ein *Nein*.

Diese »bewussten Zufälle« zu erzeugen, erfordert keinen großen Aufwand. Ein waches Auge auf die freien Kapazitäten und ein Telefon – mehr ist nicht nötig. Die Umsetzung in der Praxis ist folglich machbar. Und so ist es kein Wunder, dass jener Trainingsteilnehmer nach dem Training die Ideen erfolgreich umgesetzt hat. Inzwischen ruft sogar der Einkauf aktiv beim Verkäufer an, wenn es einen eiligen Bedarf zu decken gilt.

Was bedeutet das Beispiel für Dich? Wie kannst Du es übertragen und nutzen? Nun, in Deiner Situation wird es andere Auslöser und andere Lösungen geben. Du musst Dich nur aktiv auf die Suche nach ihnen machen. Bist Du bereit dazu? Damit verschaffst Du Dir auf jeden Fall einen Wettbewerbsvorteil!

Denn was ich in meinen Beratungen und Trainings entdeckt habe, ist leider, dass noch viele Verkäufer bei dieser Strategie unter der Knute ihres inneren Schweinehundes stehen. Sie türmen Argumente auf, die sie davon abhalten, solche Zufälle willentlich herbeizuführen. Sie fürchten die Extraideen und den Aufwand, der damit verbunden ist, und bleiben lieber bei »Dienst nach Vorschrift« als dem Wechsel zu »Zufall auf Bestellung«. Damit verzichten sie auf Riesenchancen für Umsatz und Gewinn! Sei Du smarter – denn hier liegt gerade in Zeiten gerissener oder stockender Lieferketten viel Geld auf der Straße! Wo Lieferanten ausfallen oder nicht fristgemäß liefern können, ist viel Bedarf für Dich als zusätzlichem Lieferanten, als Retter in der Not und als erfolgreichem Vertriebsmitarbeiter oder als Vertriebschefin mit »dem richtigen Näschen«. Entscheidend ist,

1. dass Du Dich auf die Jagd machst nach »zufälligen« Abschlüssen, also jenen Abschlüssen außerhalb Deiner üblichen Vertriebswege und -routinen und ständigen Ausschreibungen, an denen Du teilnimmst, und
2. dass Du diese Situationen nutzt, um aus ihnen einen strukturierten Ablauf abzuleiten. Das gilt insbesondere für Situationen, die einen Beitrag zur Lösung der Lieferkettenproblematik und zur Sicherung Deiner Lieferfähigkeit geleistet haben. Darum beschäftige Dich zum Abschluss dieses Booklets mit diesen Fragen:

- In welchen Situationen ist es Dir gelungen, Lieferkettenprobleme zu lösen und Deine Lieferfähigkeit zu stabilisieren oder gar zu erhöhen?
- Wo bist Du konkret vorgegangen?

- Welches Problemlösungsmuster erkennst Du?
- Was lernst Du aus diesem Muster für die Zukunft, also die zukünftige Bewältigung von Lieferkettenproblemen und für die zukünftige Sicherung Deiner Lieferfähigkeit?

Also: ***Befreie den Zufall vom Zufälligen – nutze die Lieferkettenproblematik, um Dich aus Zwängen zu befreien und Gold zu heben.***

Tipp: Gern kannst Du mich dazu und zu den weiteren Themen dieses Booklets ansprechen. Wenn Du mit Deiner Firma vor der Herausforderung stehst, Lieferkettenprobleme zu bewältigen und die Lieferfähigkeit zu gewährleisten, wenn ihr nach praktikablen und pragmatischen Lösungen sucht, die genau auf eurer Unternehmen zugeschnitten sind und das Wissen von der Einkäuferseite dafür nutzen wollt, genügt ein Anruf unter 0151 – 16 77 9000.

Meine Notizen für die Verhandlung

Weiterlesen? Gerne! Hier –

im Buchhandel und im Onlinebuchhandel sowie bei Amazon:

Profitabler Verkauf.
Wie Du im Vertrieb erfolgreich Preisverhandlungen mit Profi-Einkäufern führst – und nie wieder unnötige Nachlässe gibst

ISBN 978-3-9821143-4-7

Auch als E-Book!

PROFITABLER VERKAUF – Das Training!

»Profitabler Verkauf – so verhandelst Du perfekt mit Einkäufern über Preiserhöhungen und Konditionen« – das einzigartige Training von und mit Coach und Verhandlungstrainer Urs Altmannsberger als Dein resp. euer Sparringspartner. Denn Urs kennt beide Seiten – und er trainiert mit Dir resp. euch Verhandlungsstrategien für Verkäufer und Einkäufer, die auf Augenhöhe die besten Konditionen und nachhaltige Abschlüsse erreichen wollen.

Das Training ist als Onlinetraining mit Livemodulen und als Intensivpräsenztraining buchbar. Nutz diese einzigartige Möglichkeit!

https://profitablerverkauf.de/training-buchen

Hast Du noch Fragen?
Urs Altmannsberger bietet eine GRATIS-Hotline für den VERKAUF an

Die Termine für die gratis Sprechstunde mit Urs Altmannsberger hier:

https://profitablerverkauf.de

Profitabler Einkauf
Wie Sie als Einkäufer garantiert das beste Angebot verhandeln

ISBN 978-3-8693670-6-4

Auch als E-Book!

Verhandeln mit Monopolisten
Bessere Ergebnisse erreichen –
für Profi-Einkäufer in Unternehmen

ISBN 978-3-0006005-0-0

Auch als E-Book!

Profitable Purchasing
How to Negotiate the Best Offer as a Buyer
Guaranteed!

ISBN 978-3-9821143-1-6

Auch als E-Book!

Lieferkette gerissen - Alles besch*ssen?!
Wie Einkaufsprofis im Unternehmen die Versorgung mit Gütern und Leistungen in Krisenzeiten sicherstellen und auf Augenhöhe mit dem Vertrieb verhandeln

ISBN 978-3-9821143-6-1

Auch als E-Book!